Made in the USA
Monee, IL
26 September 2021

78819080R00061